U0255963

Wondere wereld. Het dikke bosboek written and illustrated by Mack van Gageldonk

Original title: *Wondere wereld. Het dikke bosboek*

First published in Belgium and the Netherlands in 2015 by Clavis Uitgeverij, Hasselt - Amsterdam - New York

Text and illustrations copyright © 2015 Clavis Uitgeverij, Hasselt - Amsterdam - New York

All rights reserved

本书中文简体版经比利时克莱维斯出版社授权，由中国大百科全书出版社出版。

图书在版编目（CIP）数据

奇妙森林 ／（荷）马克·范·加盖尔东克著；张木天译．—北京：中国大百科全书出版社，2018.1

（涂鸦地球）

ISBN 978-7-5202-0227-5

Ⅰ．① 奇… Ⅱ.①马… ②张… Ⅲ.①森林—儿童读物 Ⅳ.① S7-49

中国版本图书馆 CIP 数据核字（2018）第 006402 号

图字：01-2017-9087 号

责任编辑：杨淑霞　王文立

责任印制：邹景峰

出版发行：中国大百科全书出版社

地　　址：北京阜成门北大街 17 号

邮　　编：100037

网　　址：http://www.ecph.com.cn

电　　话：010-88390718

印　　刷：北京市十月印刷有限公司

印　　数：1 ～ 8000 册

印　　张：6

开　　本：889mm×1194mm　1/12

版　　次：2018 年 1 月第 1 版

印　　次：2018 年 1 月第 1 次印刷

书　　号：ISBN 978-7-5202-0227-5

定　　价：46.00 元

奇妙森林

[荷] 马克·范·加盖尔东克 / 著

张木天 / 译

中国大百科全书出版社

森林

森 林

当你走进一片森林，放眼望去都是树。这里是树，那里是树，很多很多的树。有些树高高的，甚至和房子一样高；有些树却矮矮小小的。当你在森林里抬头往上看时，满眼只见绿色的树叶，很难看到蓝蓝的天空。森林真是玩捉迷藏的好地方呀！你可以藏在粗粗的树干后面，也可以躲进一片灌木丛里。

森林里居住着许多动物，比如鹿、松鼠、
鸟、兔子……大多数动物一辈子都生活在
同一片森林里。森林就是它们的家园。

你看到了哪些森林里的居民？

树 木

不同的森林里，生长着不同的树。在阔叶林里，你看到的都是阔叶树。这些树的叶子大多在秋天会变色，随后一片片落到地上。而针叶林里的针叶树，叶子细长如针。即使天气变冷，这些针叶也能牢牢抓住树枝。不过要小心啊，针叶尖尖的很扎人呢！在大多数森林里，既有针叶树，又有阔叶树，它们生活在一起。

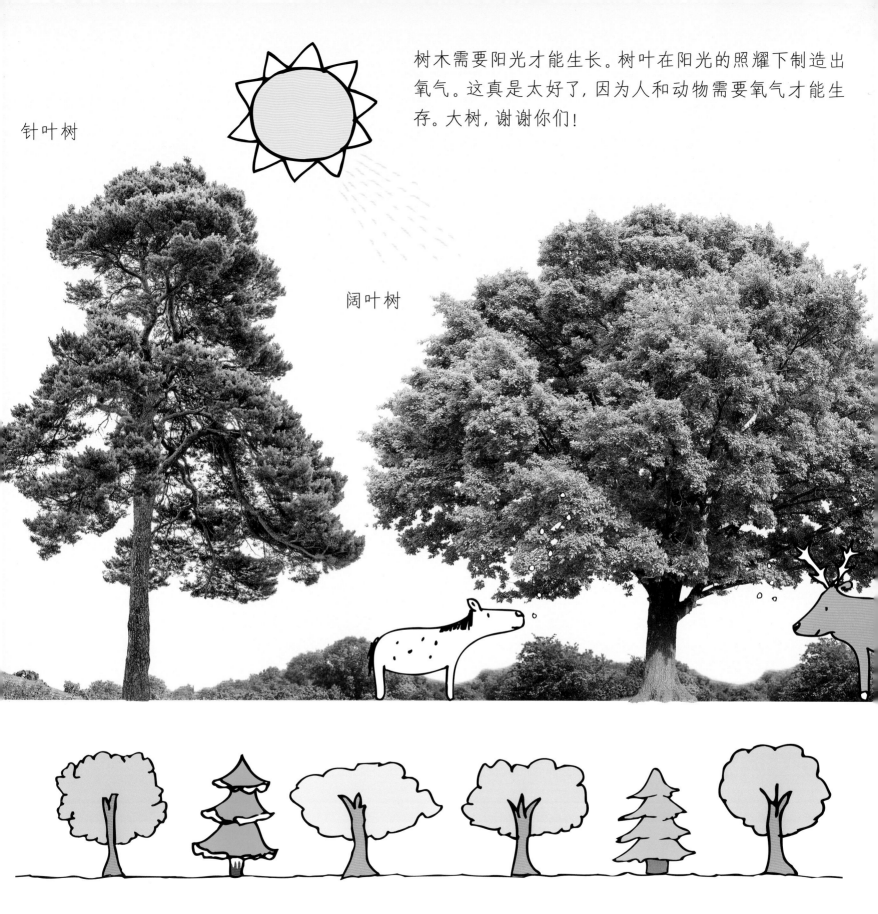

针叶树

阔叶树

树木需要阳光才能生长。树叶在阳光的照耀下制造出氧气。这真是太好了，因为人和动物需要氧气才能生存。大树，谢谢你们！

你能说出针叶树和阔叶树的区别吗？

树　木

森林里还生长着许多灌木和其他植物。妙的是每一种植物都有"一技之长"。有的会开出美丽的花，有的能结出美味的果。不过也有些植物，比如荨麻，蜇人很痛，不好惹。还有一些植物会攀附在其他树木上。而那些长得不太好看的植物，也往往大有用处。例如，有一些植物可以用于制药，能帮助生病的人快快恢复健康！

森林里的大部分动物都只以植物为食。快看！
这只小鸟刚刚找到了一些美味的果子，它一会
儿就能美餐一顿啦！

哪丛灌木里的果子最多呢？

森 林 地 面

在森林的地面上，你可以看到一些裸露在外的树根。为了获得营养和水分，树根会尽力地在土里延伸。森林的土地上，也生长着像小草和蒲公英这样小小的植物。到了夏天，蒲公英黄色的花会变成一个个毛茸茸的小球。如果你能一口气将它的茸毛全部吹走，就可以许下一个愿望。不过千万别告诉别人你的愿望是什么哟，要不然它可就实现不了啦！

森林里的大多数动物都生活在地面上。兔子
会在这里捉迷藏。松鼠爬树爬累了，也会到
地面上蹦跳一会儿。

都有谁生活在森林的地面上？

树

阔 叶 树

阔叶树的叶子扁扁平平的。不同的树，叶子形状各不相同。橡树的叶子大大的，有着波浪状的边；而山毛榉的叶子则是漂亮的锯齿状的边。不同的树，树干长得也很不一样：有的又细又长，有的又矮又粗；有的是深褐色的，有的则是白色的……你可以通过一棵树的树干和树叶一眼就判断出它是不是阔叶树。森林里的鸟儿们会选择它们最喜欢的树来筑巢！

当天气变冷时，阔叶树的叶子大多会变色，然后从树上脱落下来。

哪片叶子不属于阔叶树？

针叶树

针叶树没有宽宽扁扁的叶子，它们的叶子细长而坚硬，看起来就像针或刺一样。这是因为针叶树适合生长在会下雪积霜的寒冷地区。在那里，只有细长如针的叶子才不会被积雪压垮。天气变暖时，针叶树的叶子反而会变得黯淡些。它们并不享受高温，而是更喜欢寒冷的冬季。冬天一来，很多阔叶树的叶子很快就会掉个精光，而针叶树的叶子才不会那么脆弱。这些细细的"小针"是怕热不怕冷的典型。

针叶树可不会怕下雪天，雪花只
会轻轻附着在针叶上。

哪些是针叶树的叶子？

古 树

树的寿命很长很长，它们的年纪可以超过你的爸爸妈妈、爷爷奶奶，甚至是最老的乌龟，要知道乌龟能活到两百多岁呢！比如说，橡树就能轻轻松松活到一千岁。罗马士兵们曾经从一片树林前走过，这些树现在依然屹立不倒，而那些士兵早已与世长辞。

高大粗壮的古树，树根疙疙瘩瘩，很多时候树干里面已经变得空空的了。兔子经常会在古树的空心树干里捉迷藏。

树每年都会长粗一点，年轮也会增加一圈。通过数年轮的圈数，人们可以很容易地知道一棵树多少岁了。

通过年轮判断一下，哪棵树比较老，哪棵树比较年轻？

结坚果的树

每一棵大树，都是从一株小树苗成长起来的，再往前它甚至小到只是一颗坚果。当坚果从树上掉进土里，一株小树苗就要悄悄长出来了。当然，并不是每一颗坚果都能长成树哟，要不然森林很快就会被挤满的！大部分坚果会被森林里的动物吃掉，只有那些幸运的坚果才有机会长成一棵棵挺拔的大树。

一棵山毛榉能结出
成千上万颗坚果。

哪棵树下的坚果最多?

栗 树

森林里最美味的坚果当然要属栗子了。它们长在栗树上，被淡绿色的外壳包裹着。你最好不要去碰这些壳，因为它浑身都是尖尖的刺。等栗子成熟了，带刺的壳会自然裂开，里面油亮亮的棕色栗子跑了出来，一颗颗掉到地上。

甜栗子有一个软软的尖头，包裹它的外壳上长着细长的尖刺。甜甜的栗子非常好吃。

马栗子没有尖头，壳上的刺短短硬硬的。马栗子是不能吃的。

甜栗子

马栗子

哪些栗子是可以吃的呢？

森林里的居民

森林里的动物在这里过得自由自在。在长满大树的林子里生活，擅长攀爬是一种很有用的本领。树貂和松鼠是攀爬者中的高手，它们天生就会爬树，根本用不着太多练习。松鼠爬树甚至比走路还要溜呢！它们走路蹦来蹦去的，却能在一眨眼的工夫爬到高高的树上。松鼠能在爬树时牢牢抓住树干，这可都要归功于它那坚硬锋利的指甲。

树貂以吃小动物为生。它们从一棵树跳到另一棵树，快速追捕着猎物。而喜欢吃坚果的松鼠就不用跑那么快啦，因为坚果就在高高的树上，它们是不会逃跑的！

哪只松鼠对它的坚果很满意？

捕食者也很喜欢森林。因为它们在这里能够抓到像青蛙、老鼠这样的小动物。不过捕猎并不容易，要知道小老鼠们可是很会藏身的。所以，捕食者想出了各种出其不意的捕猎方法：鹰会从空中俯冲而下；獾会等到天黑后行动；而狐狸则会躲在茂密的草丛中，等待机会扑倒猎物。小老鼠们可要多加小心才行啊！

脸上长着黑白条纹的獾会在夜里捕食，趁着老鼠困了将它们抓住。鹰会在高高的天空中追寻地上的猎物。老鼠们可得时刻保持警惕，否则下一秒就可能成为捕食者的美食！

为了躲避鹰的追捕，哪只老鼠把自己藏得最好呢？

森林的地面就像一个露天餐厅，动物们能在这里找到各种美味佳肴：坚果、蘑菇……一个比一个诱人，而最好的食物则藏在厚厚的落叶和泥土下面。所以，野猪、刺猬还有其他觅食者都拥有非常灵敏的鼻子。它们用鼻子这儿闻闻、那儿嗅嗅，为自己和宝宝们寻找着可口的食物。

野猪真是太厉害啦！它们能用鼻子找到世界上最好的蘑菇——松露。人类也疯狂地喜欢这种超级美味！

哪只刺猬是优秀的觅食者呢？

鸟儿需要一个安全的地方筑巢，所以森林里才会有那么多的鸟。它们会在高高的大树上用树枝做窝，或者干脆找一棵空心树，在里面筑巢下蛋。等雏鸟孵出来后，鸟爸爸和鸟妈妈飞进飞出，忙着为孩子们寻找虫子和其他食物。雏鸟在父母的精心喂养下茁壮成长，终有一天也能离开鸟窝，自由飞翔。

在森林里，你能看到各种各样的鸟：知更鸟、山雀、猫头鹰……啄木鸟有着比其他鸟都坚硬的嘴，它能将最粗壮厚实的树干雕琢成属于自己的舒适小巢。什么工具都不需要，只靠一张嘴就能做到！

你能认出啄木鸟和猫头鹰吗？

许多很小的动物也生活在森林里，比如毛毛虫、甲虫、蠕虫、臭虫、蜘蛛、蚂蚁，等等。就算它们爬到你眼前，你都不一定会注意到它们。不过你一定会注意到蚁丘，因为它实在是太大了。成千上万只蚂蚁都居住在蚁丘中，而巨大的蚁丘正是这些蚂蚁共同建造起来的：有的负责搬运树枝，有的负责把树枝码放到正确的位置，还有一些专门负责击退入侵的敌人。每一只蚂蚁都有自己的任务，听起来是不是很有趣呢？

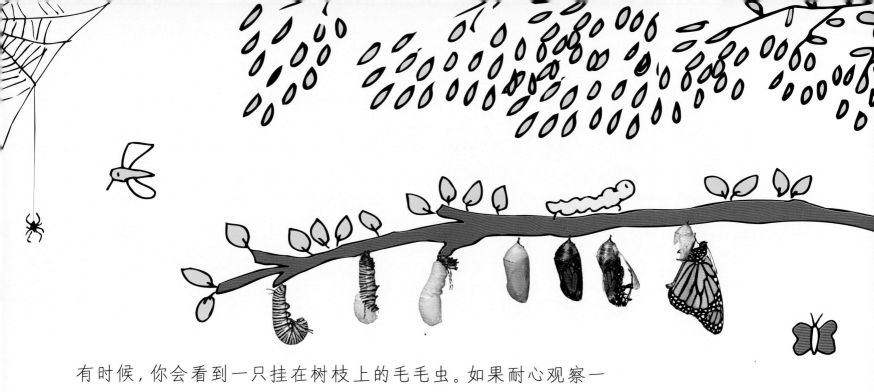

有时候，你会看到一只挂在树枝上的毛毛虫。如果耐心观察一段时间，你将有机会目睹它结茧的全过程——就像在为它自己编织一件外套。结完茧的毛毛虫会在里面安静地待上一段时间，之后……就破茧成蝶啦！不管看起来有多么不一样，但蝴蝶小时候就是一只毛毛虫。

屎壳郎喜欢吃其他动物的粪便。是不是怪恶心的？

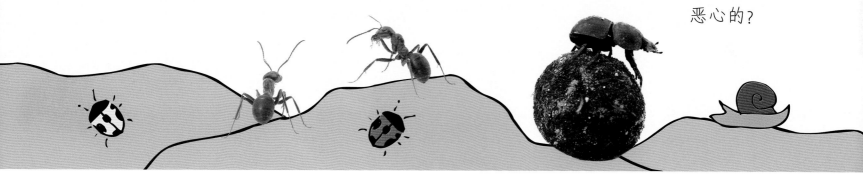

哪只蚂蚁扛的东西最重？

穴 居 者

并不是所有的动物都在树上睡觉，有些动物会选择在地底下休息。像兔子、狐狸和獾就喜欢住在自己打的地洞里面。不过有时候为了省事，它们也会去找别的动物留下来的地洞，再让全家都搬进去。住在地洞里让这些动物更有安全感，这里不仅温暖舒适，还能遮风挡雨。

鼹鼠会在地底下挖出一条条长长的地道。它
们一辈子都住在地下，很少将头探出地面。

哪些动物是住在地洞里的呢？

水 生 动 物

有时候你会在森林里遇到水，可能是一条河、一片湖，或者一条水沟。在这些地方你会听到"呱呱呱""叽叽喳喳""嗡嗡嗡"的"交响乐"，那是生活在水边的青蛙、鸟儿和昆虫发出的声音。鸭子和天鹅都喜欢在水里游泳嬉戏。天鹅的脖子长长的，是一种非常美丽的动物。不过可千万不要离它们的宝宝太近，不然它们也会变得非常凶猛！

青蛙将卵产在水中，这些卵会孵化出小蝌蚪，在水里游啊游。虽然蝌蚪看起来一点儿也不像青蛙，但是随着时间的推移，它们会慢慢变成绿色的大青蛙哟！

小蝌蚪是从什么时候开始变得越来越像青蛙的？

捉迷藏高手

森林里有许多非常棒的藏身之处。想玩捉迷藏？直接躲在一棵大树后面就行！有些动物很擅长时刻隐藏自己，只要它们一直不被发现，也就不会被天敌吃掉。鹿的体形大，头上还长着一对大角，但身上的颜色却让它们很难被发现。鹿绝对是森林里的捉迷藏高手。

鸟和蝴蝶身上的颜色通常都很艳丽，不过也有一些"低调朴素"得让你很难发现。

图上的灌木丛里都藏着什么动物？

蘑 菇

如果森林的地面很潮湿，蘑菇就会一个接一个地从土里钻出来。小巧的柄和彩色的伞盖使蘑菇看起来非常诱人。确实，一些蘑菇是可以吃的。但要小心，有些蘑菇可是有毒的！像这个长满斑点的蘑菇就千万不能采！它虽然看起来很漂亮，毒性却和十只毒蜘蛛一样厉害。碰都别碰它！

蘑菇通常会成群结队地生长，长成一个个蘑菇圈。因为这些蘑菇藏在地下的部分是连在一起、围成一个圈的。这也是蘑菇们一直靠那么近的原因！

猜猜看，图上哪个蘑菇是有毒的？

四 季

春 天

春天来了，森林里的树纷纷长出了新叶子。寒冷的冬天已经过去，落叶树那光秃秃的树枝又发芽了，长出一片又一片新鲜的嫩叶。远远望去，森林里如同上演了一场绿色的烟花秀。在满眼的绿意之中，五颜六色的花含苞待放。蝴蝶真是太爱这些花啦！与此同时，鸟儿也忙着在树上筑起巢来。大森林在春天再次焕发出勃勃生机，这真是一个万物复苏的季节。

春天的森林里，花不仅盛开在地上，也绽放在枝头。

哪些花已经完全开了？

烈日炎炎的夏天，如果你漫步林间，就会觉得并没有那么热。这是因为树木在春天生出的新叶此时已经长得宽宽大大的了，林间空地都被遮盖在浓密的树荫之下，变得凉爽宜人。虞美人特别喜欢阳光，和向日葵一样，它只有得到充足的光照才能绽放。蜜蜂整个夏天都在森林里"嗡嗡嗡"地飞来飞去，在花间穿梭，把花粉播撒到各处，这个过程叫作授粉。植物能够一代代成长，可都要感谢勤劳的蜜蜂呢！

夏天，蜜蜂在花丛中忙碌着，从一朵花飞到另一朵花。

哪些动物只有在夏天才能见到？

秋 天

秋天来了，整片森林都换上了新的颜色。仿佛有一位画家，走过一棵棵大树，用画笔蘸着颜料，将森林染成一片红、黄、橙的世界。夏天那满眼的绿色，就这样悄悄地退出了森林这个舞台。不久之后，冬天就会来临，树木将无法再从土地里获取足够的水分来滋养叶子的生长。于是，叶子会一片接一片地从树枝上飘落下来，渐渐消失在森林里。

秋天来临，树上不只会掉下叶子，还会掉下好吃的坚果。松鼠在树下蹦来蹦去找坚果吃，或者把它们藏到家里，作为过冬的储备。

哪些是秋天的叶子呢？

冬 天

森林里的冬天非常寒冷。雪花飘落，大地结冰。如果这时再来一场霜冻，树枝上就会结出许多冰柱来。冬天，森林或许看起来像是一个梦幻的童话仙境，可是树木却并不喜欢这种又下雪又结冰的寒冷天气。落叶树光秃秃的，长不出任何叶子、花和果实……坦白地说，树木在冬天几乎什么也做不了，只能耐心等待春天的到来。

针叶树喜欢冬天。即使天气寒冷，它们也依然能保持常青！

你在冬天看到的树是什么样的？

世界各地的森林

婆罗洲热带雨林

棕榈树和其他热带树木长在全世界最热的地方。那些生长着一大片一大片热带树木的森林就叫热带雨林或者热带丛林。在亚洲的婆罗洲，就生长着成百上千种的热带树木和其他热带植物。林子里还生活着许多美丽的鸟，比如这只犀鸟。看到它的样子你就知道它为什么叫"犀鸟"了，对不对？

婆罗洲的热带雨林里不仅有各种鸟，箭毒蛙和婆罗洲猩猩也生活在这里。婆罗洲猩猩手脚并用，在树林间穿梭攀爬。

甜蜜美味的巧克力是用可可树的种子——可可豆制作的。

你能认出哪个是香蕉吗？

美国的加利福尼亚州有一种非常高的树——巨型红杉树。红杉树本身就是一种高大的树,巨型红杉树则更加高大挺拔,它是世界上最高的树!许多巨型红杉树比教堂或者写字楼还要高呢。红杉树细细的叶子常年青翠,松软的树皮呈淡红棕色,你一眼就能认出它来。

红杉树不仅高大，还非常粗壮。一百个小孩儿谁也不挨着谁，可以绕红杉树的树干围上一圈。真让人难以置信，是不是？

哪个是红杉树呢？

中国竹林

竹子是一种非常强韧的植物。如果你将竹子种在园子里，你就会发现它能轻轻松松地穿透阻碍它生长的厚木板或石头。竹子顶部长满了绿绿的竹叶，茎秆十分独特：它们是空心的！这些坚韧的茎秆常常被用来制作家具或乐器，比如笛子。竹子通常能长很高很高。看看这片高大茂密的中国竹林你就知道啦！

大熊猫爱吃鲜嫩的竹子。生活在中国竹林里的大熊猫一整天都在啃竹子呢。可一定要好好保护这些竹林呀，因为一旦竹林消失，大熊猫也会灭绝的！

哪只熊猫正在享用美味的竹子？

非洲猴面包树

猴面包树是世界上最独特的一种树木。它看起来就好像一棵根在上倒着长的树：树干厚实而粗壮，一簇簇细密的树杈生长在树顶上。猴面包树主要生长在炎热干旱的非洲。它会在雨季利用自己粗大的树干储存水分，留一些在之后的干旱季节慢慢享用。猴面包树真是太聪明了！

猴面包树屹立在非洲的热带草原上。这只
站在猴面包树上的非洲秃鹳俯视着地上的
动物们,视野真是开阔得很哪!

猴面包树生长在非洲。还有哪些动物也住在非洲呢?

你可能很熟悉桉树的气味。当你感冒鼻塞的时候，桉叶油可以帮你缓解不适，让呼吸变得通畅。桉叶油正是从桉树的叶子里提取的。桉树主要生长在澳大利亚。树袋熊（又叫考拉）就住在桉树上，它们一生中的大部分时间都待在树上，很少下到地面去！树袋熊用大大的鼻子在叶子上东嗅嗅、西闻闻，鉴定着桉树叶，然后把闻起来不错的吃进肚里。

食用桉树叶后容易感到昏昏沉沉的。这就是树袋熊为什么总是那么困，常常趴在树上呼呼大睡的原因。

哪只树袋熊看起来昏昏沉沉的？

森林花海

在英国，你会发现森林里不仅有郁郁葱葱的树木，更有五彩缤纷的花丛。当春天来临、天气转暖的时候，森林里到处开满了风信子。不是只有一朵两朵，也不是只有寥寥几丛，而是无边无际的紫色花海。这时候，森林看起来就像是铺了一张巨大的紫色地毯！如果这时你来到森林里散步，可一定要小心呀，要不然你很可能在无意间就踩到了这些美丽的风信子！

野马和它们的小马正在英国的荒野上吃着草。它们把绿草啃得短短的，蒲公英的叶子是它们喜爱的食物。

哪朵花的叶子最多、最吸引马儿呢？

泰加林带

泰加林带是地球上最大的森林带之一。从俄罗斯到加拿大，它横跨所有北极圈附近的国家。这里的冬季非常寒冷，因此泰加林带主要由针叶树组成。棕熊在寒冷的泰加林里生活得自由自在。它们身上那厚厚的棕色皮毛有助于保暖，能让它们一直暖暖和和的！

驼鹿生活在泰加林里。它们是游泳健将，喜欢吃针叶树幼苗和灌木。

哪只河狸的牙齿更厉害？

亚马孙热带雨林

亚马孙热带雨林是世界上最大的热带雨林。这片热带雨林沿着横跨9个国家的亚马孙河绵延分布。亚马孙河时而宽阔平静，时而狭窄湍急，有时甚至形成急流瀑布。亚马孙河两旁长满了高大的棕榈树和其他热带植物。人们一不小心就会在这片热带丛林里迷路！

亚马孙河里生活着鳄鱼和食人鱼。食人鱼是一种长着锋利牙齿的肉食性鱼类。天哪！你可千万不要在亚马孙河里游泳呀！

亚马孙热带雨林里的哪些动物是非常危险的？

吴哥林中寺庙

柬埔寨的古都吴哥有许多寺庙。这些古老的寺庙常常隐藏在茂密的大森林中。年复一年，森林里的树木就慢慢地与寺庙长在了一起。它们一开始是生长在寺庙周围，然后离寺庙越来越近，最后干脆爬满了整座庙宇。这样的林中寺庙有种独特的美感呢，是不是？吴哥窟的古树也因此而名扬世界！

这棵树有多少条根呢?